见识城邦

更新知识地图　拓展认知边界

遗传学

[英]亚当·卢瑟福 著　　[英]露丝·帕尔默 绘　　王泽贤 译

中信出版集团 | 北京

图书在版编目（CIP）数据

遗传学 / (英) 亚当·卢瑟福著；(英) 露丝·帕尔
默绘；王泽贤译. -- 北京：中信出版社，2021.3
（企鹅科普. 第一辑）
书名原文：Ladybird Expert: Genetics
ISBN 978-7-5217-2429-5

Ⅰ.①遗… Ⅱ.①亚…②露…③王… Ⅲ.①遗传学
—青少年读物 Ⅳ.①Q3-49

中国版本图书馆CIP数据核字(2020)第217411号

Genetics by Adam Rutherford with illustrations by Ruth Palmer
First published in Great Britain in the English language by Penguin Books Ltd.
Published under licence from Penguin Books Ltd. Penguin (in English and Chinese) and the Penguin logo
are trademarks of Penguin Books Ltd.
Simplified Chinese translation copyright © 2021 by CITIC Press Corporation
ALL RIGHTS RESERVED

遗传学

著　　者：［英］亚当·卢瑟福
绘　　者：［英］露丝·帕尔默
译　　者：王泽贤
出版发行：中信出版集团股份有限公司
　　　　　（北京市朝阳区惠新东街甲 4 号富盛大厦 2 座　邮编　100029）
承　印　者：北京尚唐印刷包装有限公司

开　　本：880mm×1230mm　1/32　　印　　张：1.75　　字　　数：13 千字
版　　次：2021 年 3 月第 1 版　　　　印　　次：2021 年 3 月第 1 次印刷
京权图字：01-2020-0071
书　　号：ISBN 978-7-5217-2429-5
定　　价：188.00 元（全 12 册）

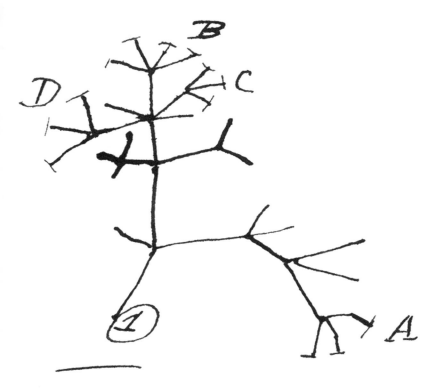

达尔文笔记本上关于物种进化的"生命树"草图。

导言

遗传学是一门研究遗传的学科。对于人类及其他生物而言，遗传学就是对繁衍、族群及疾病的研究。地球上的大多数生物并不像人类一样通过有性生殖繁衍后代，所以那些通过无性生殖繁衍的生物的基因很大程度上是相似的。几个简单的"符号"就能组成在所有生物中都通用的序列。这种"字母"代码遗传自双亲，包括雄性生物、雌性生物、雌雄同体生物，抑或像细菌那样可以直接一分为二的单细胞。这种代码写在DNA(脱氧核糖核酸)分子中，结构优美，运作机制简洁明了。

即使你不是遗传学家也会感受到，与其他物种相比，同一物种内的生物体彼此之间更为相似，比如说孩子更像自己的父母，而不是路上随便遇见的陌生人。这个现象涉及遗传学的核心问题——遗传是如何进行的？

遗传学也是对DNA的研究，这是一门只有100多年历史的学科，而从严格意义上说，只有50年的历史。在这短短的几十年中，DNA颠覆了我们对生物学各方面的了解，催生了高新产业的发展，改写了进化论的地位，还促使医学发生了翻天覆地的变化。在生命科学的所有领域，只要我们对这个简单的代码进行解密，就会有难以置信的奇迹发生。地球上的所有生命体都存在于一个恢宏庞大又极其复杂的族谱上，族谱上存在的所有生物都在DNA中形成了一串代码。这串代码将串起科学界最宏大的理念。但俗话说得好，万事开头难。

错误的开始

人们直到 20 世纪才真正发现了 DNA，但早在 1871 年，就有人首次提出这个猜想。普法战争时期，抗生素尚未出现，欧洲士兵大都死于坏疽性截肢和开放性伤口感染。在德国的图宾根市，年轻的弗雷德里希·米歇尔（Friedrich Miescher）医生对人类细胞的化学组成结构很感兴趣，他提出了一个大胆的想法（也有些许残忍），就是在隔壁医院找一些奄奄一息的士兵，从他们身上渗满脓液的绷带中提取细胞。米歇尔从脓液的白细胞中分离提纯了一种新物质。他分析了这种提取物的化学成分，发现其富含磷酸盐，且不含硫；而在其他身体提取物中并未发现如此大量的磷酸盐，而且蛋白质中一般都含硫。由于这种新物质只存在于细胞核心处，所以他将其命名为"细胞核"。

米歇尔又花了几年的时间研究细胞核，后来他不再从白细胞中提取细胞核，转而从鲑鱼精子中提取。这些样本呈灰色粉末状，装在一个深棕色小玻璃瓶里，至今仍保存在图宾根大学。现代研究表明，米歇尔所发现的细胞核实际上是 DNA——富含磷酸盐，却不含硫。然而，在接下来发生的革命中，这一惊人发现并没有起到什么作用。

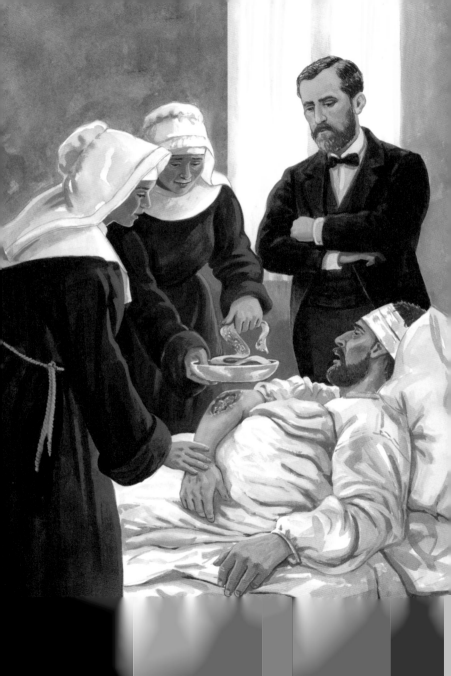

来点豌豆吧！

几乎在同一时间，在图宾根东面一点，摩拉维亚科学家格雷戈尔·孟德尔正在他的花园实验室里忙活着。提起孟德尔，人们常说他是个修道士，但更重要的是，他为科学做出了巨大贡献，相比之下他作为修道士所留下的不值一提。

在布尔诺修道院时，他总共培育了 2.9 万多株豌豆，用于观察豌豆花的颜色、豌豆的纹理及其他特征。他发现，个体性状是独立遗传的，不同的性状并不会因杂交而混合在一起，例如紫花与白花杂交，并不会开出中和了紫色和白色的粉红色花，而只会开出特定比例的紫花与白花。

这两个发现为整个基因和遗传学的发展奠定了基础。决定花色的因素是独立存在的，并不会在后代中相融。孟德尔无意中提出了基因的概念——基因就是遗传的基本单位，只不过"基因"这个名词直到 20 世纪初才出现。

史上最伟大的想法

与此同时，在孟德尔修道院实验室以西几百英里[1]处，查尔斯·达尔文踏上了环球考察之旅，并最终提出了以物竞天择为核心的进化论。19世纪30年代，在乘坐英国皇家海军"贝格尔号"环游世界途中，以及在位于肯特郡的家——唐恩庄园中，达尔文观察并研究了各种各样的动物。他曾指出生命是四维的，也就是说，在时间长河中，物种不是一成不变的，它们通过选择性繁殖来实现变化。岩鸽种里长相呆萌的鸽子在人工繁殖几代后可用于赛事活动，但仍属于岩鸽种，虽然长相看起来还是呆呆的，但其他性质却发生了很大的变化，彼此间的差异很大。

关于自然界中的生物如何及为什么进化，达尔文的回答如下：种群中每个个体所体现的物种性状都各不相同——在一群鹿中，一些鹿的角比其他鹿的角要大；而任何物种的种群中，都有天生抗病能力更强的个体，这些个体差异就是大自然得以运转的支点；某个性状越能适应当地环境，就越可能传给下一代；随着时间的推移，物种的性状，乃至物种本身，都会发生突变以最好地适应变化了的环境，也就是说会修正自己，不断延续。

这几乎是有史以来人类能想到的最伟大的想法。"物竞天择"完美解释了地球上生命是如何进化的。虽然局限于那时科学的发展，达尔文无从得知基因修正是如何代代相传，以及这些信息是如何影响性状的，但等到后人将达尔文的发现成果、孟德尔的豌豆实验及其他研究结合起来，形成遗传学的概念，上述问题都会得到解答。达尔文直到去世都对孟德尔的研究一无所知，这实在是件憾事，因为他们的研究成果结合起来奠定了整个生物学的基础。

1　1英里≈1.6千米。——编者注

岩鸽

畸形海胆！

20世纪初，世界各地的科学家都致力于探索传递遗传信息的物质。

德国生物学家西奥多·波弗利（Theodor Boveri）曾在那不勒斯湾海滩的海军基地工作，他使用海胆这种在当地水域十分常见的动物进行了一系列实验。他实验的对象是包含大量遗传物质的海胆的精液。让海胆射精非常容易：只需要用力摇晃，然后将其头朝下放在一杯水里，精液就会流出来。通过这些唾手可得的样本，波弗利进行了各种各样的实验，发现染色体数目和个体健康间的联系——染色体数目异常将会影响个体健康。他还将那些染色体数目异常的海胆称为"畸形海胆"。

与此同时，位于纽约的托马斯·亨特·摩尔根正大量繁殖果蝇，并指出在特定染色体上，某些片段可能决定了果蝇眼睛的颜色。

基因——遗传的基本单位——正是位于染色体上。大多数生物拥有遗传自它们的双亲的两套染色体。人类的23对染色体中，有一对染色体并不总是成对。男性的这对染色体是来自父亲的 Y 染色体配来自母亲的 X 染色体；女性成对的两条 X 染色体则分别来自其父亲和母亲。

基因、进化和遗传

基因是染色体的一部分，染色体则由 DNA 组成。

20 世纪上半叶，科学家们渐渐摸索出了遗传的机制，弄明白了遗传所涉及的物质基础。20 世纪 30 年代，奥斯瓦尔德·埃弗里（Oswald Avery）及其团队从一种引起结核病的有毒菌株中成功提取了 DNA，将有毒菌株的 DNA 转移到无毒菌株中后，该菌株变成了病原体，由此可证明 DNA 就是决定生物特征的遗传物质。正是 DNA 完成了细胞间遗传信息的传递。

与此同时，数学家们掌握了达尔文的理论，并弄清楚了基因代代相传的方式。基因是遗传的基本单位，是自然选择作用的基础。随后，该观点被称为"自私的基因"理论，并由理查德·道金斯（Richard Dawkins）推广开来。进化程度可以直观地表达为一个种群中基因变异的频率。如果让孔雀长出大尾巴的基因能使孔雀更易获得交配机会，那该基因就会代代相传，一直延续下去。可以说，这样的基因受到了自然选择的青睐。

单个基因实现永久延续的最佳方式就是与其他基因相结合，在生物体内达到协调。个体只是基因实现延续的外壳。

富兰克林、克里克和沃森

得知基因由 DNA 组成后，人们便开始竞相探索 DNA 的结构。到了 20 世纪 50 年代，科学家解析出了 DNA 的化学成分，但对于其构造原理仍一无所知，而一旦知道了其构造原理，或许就能进一步掌握 DNA 的遗传机制。

X 射线晶体学是一种计算分子三维形状的技术，莫里斯·威尔金斯（Maurice Wilkins）、罗莎琳德·富兰克林（Rosalind Franklin）和富兰克林的学生雷·戈斯林（Ray Gosling）在该方面颇有建树。1952 年，富兰克林和戈斯林在伦敦国王学院的地下实验室里拍摄了一组 DNA 的 X 射线照片，并对其进行了精确测量，为探索 DNA 的结构提供了重要线索。

1953 年初，他们分享了这些数据，剑桥大学的美国科学家詹姆斯·沃森（James Watson）和他的英国同事弗朗西斯·克里克（Francis Crick）获取这些数据后，研究进度一路突飞猛进。他们之前正在钻研 DNA 结构，但是一直不得门径。有了富兰克林提供的数据，沃森和克里克成功地破解了 DNA 的结构。

1953 年初，罗莎琳德·富兰克林正打算结束对 DNA 的研究工作，因为伦敦国王学院的工作气氛并不和谐，一些男同事对她并不友好。詹姆斯·沃森在说起发现 DNA 结构时也曾对富兰克林有过性别歧视的语言（但后来沃森在描述富兰克林为这一发现做出的至关重要的贡献时，态度可谓诚恳，也不吝夸赞）。富兰克林是位杰出的科学家，37 岁时死于癌症，随后在 1962 年，克里克、沃森和莫里斯·威尔金斯共同获得诺贝尔奖——富兰克林的名字不在其中，因为诺贝尔奖不授予逝者。但罗莎琳德·富兰克林为遗传学发展做出了巨大贡献，因此被誉为史上最重要的科学家之一。

双螺旋结构

1953 年 4 月 25 日，克里克和沃森在合著的一篇论文中公布了 DNA 的结构。该研究论文的最后一句话可谓科学史上最低调的一句话：

我们注意到，我们假设的特定配对方式，可能直接预示了遗传物质的一种可能的复制机制。

克里克的妻子奥迪勒·克里克画出了史上第一个双螺旋结构——向右旋转的梯状分子结构。生命体中，DNA 双链在不断解旋和解链的同时，传递编码信息。

DNA 的螺旋结构是其功能固有的，正因如此，揭示出 DNA 的结构，成了 20 世纪最伟大的科学发现之一。这两条链由四个化学字母配对组成，分别为 A、T、C 和 G。G 只能和 C 配对，T 只能和 A 配对。若两条侧链裂开，配对也会分开。但是在每条链上都存在替换另一条链的必要信息。所以，若双螺旋结构从中间断开，可得到两个完全相同的双螺旋分子结构。

这就是细胞分裂时发生的情况：细胞内所有 DNA 都会一分为二再进行复制，这两个细胞则含有与本体完全相同的 DNA。这便是受精卵在子宫内发育成婴儿，直至后来长大成人的过程，其间 DNA 会一直分裂复制，而这种细胞分裂过程已持续了 40 亿年。

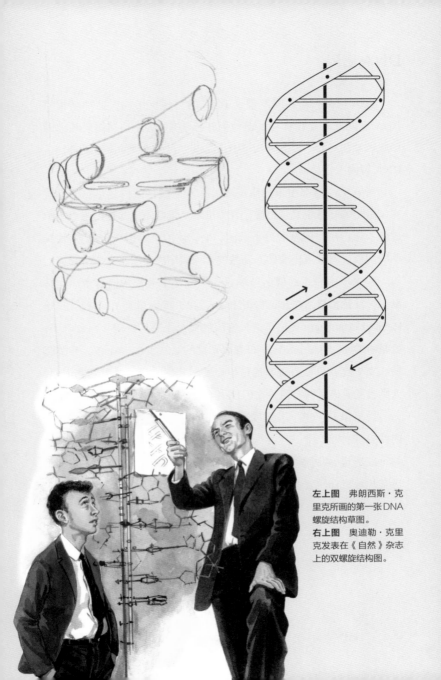

左上图 弗朗西斯·克里克所画的第一张DNA螺旋结构草图。

右上图 奥迪勒·克里克发表在《自然》杂志上的双螺旋结构图。

DNA 密码

克里克和沃森共同发现了 DNA 的双螺旋结构，这种结构使 DNA 可以反复复制自身。但他们并不清楚 DNA 是如何以基因的形式携带信息的。接下来几年中，克里克和一些科学家带头进行了 DNA 解码工作。

所有生命体都由蛋白质构成。头发中的角蛋白是蛋白质，肌肉细胞中的纤维也是蛋白质。骨头虽不是蛋白质，却是由蛋白质组成的。蛋白质是氨基酸分子长链。生物体内所有蛋白质由 21 种氨基酸构成，组成蛋白质的氨基酸的排列顺序决定了蛋白质的功能。

美国贝塞斯达的两名科学家首次破译了遗传学语言密码。马歇尔·尼伦伯格（Marshall Nirenberg）和 J. 海因里希·马特哈伊（J. Heinrich Matthaei）提出了遗传密码的概念。遗传密码又称密码子，就是由 DNA 中三个特定字母编码形成的氨基酸。1961 年，弗朗西斯·克里克在莫斯科观看尼伦伯格展示其研究成果时突然意识到，人类已朝着破解所有遗传密码迈出了第一步。

接下来几年中，人们发现了所有编码氨基酸的密码子。DNA 内共有四种字母，三个字母就可以构成一个遗传密码，四种字母共可以形成 64 种组合。每一种组合都对应 21 种氨基酸中的一种，还有几种组合代表着蛋白质终止指令，相当于一段文字中的句号。

右图　马歇尔·尼伦伯格和分子模型。

密码子表

	U	C	A	G	
U	苯丙氨酸（Phe）	丝氨酸（Ser）	酪氨酸（Tyr）	半胱氨酸（Cys）	U
	苯丙氨酸（Phe）	丝氨酸（Ser）	酪氨酸（Tyr）	半胱氨酸（Cys）	C
	亮氨酸（Leu）	丝氨酸（Ser）	终止密码子	终止密码子	A
	亮氨酸（Leu）	丝氨酸（Ser）	终止密码子	色氨酸（Trp）	G
C	亮氨酸（Leu）	脯氨酸（Pro）	组氨酸（His）	精氨酸（Arg）	U
	亮氨酸（Leu）	脯氨酸（Pro）	组氨酸（His）	精氨酸（Arg）	C
	亮氨酸（Leu）	脯氨酸（Pro）	谷氨酰胺（Gln）	精氨酸（Arg）	A
	亮氨酸（Leu）	脯氨酸（Pro）	谷氨酰胺（Gln）	精氨酸（Arg）	G
A	异亮氨酸（Ile）	苏氨酸（Thr）	天冬酰胺（Asn）	丝氨酸（Ser）	U
	异亮氨酸（Ile）	苏氨酸（Thr）	天冬酰胺（Asn）	丝氨酸（Ser）	C
	异亮氨酸（Ile）	苏氨酸（Thr）	赖氨酸（Lys）	精氨酸（Arg）	A
	甲硫氨酸（Met）	苏氨酸（Thr）	赖氨酸（Lys）	精氨酸（Arg）	G
G	缬氨酸（Val）	丙氨酸（Ala）	天冬氨酸（Asp）	甘氨酸（Gly）	U
	缬氨酸（Val）	丙氨酸（Ala）	天冬氨酸（Asp）	甘氨酸（Gly）	C
	缬氨酸（Val）	丙氨酸（Ala）	谷氨酸（Glu）	甘氨酸（Gly）	A
	缬氨酸（Val）	丙氨酸（Ala）	谷氨酸（Glu）	甘氨酸（Gly）	G

疾病

众所周知，疾病可以通过家族遗传。在犹太教典籍《塔木德》中有这样的描述：如果家族中的男孩有某个兄弟或堂表兄弟死于割礼大出血，他便不必再受割礼。现在我们知道，书中所描述的正是血友病。

所有癌症都属于遗传性疾病，因为肿瘤是由基因突变导致的细胞无序生长引起的，而基因突变通常会抑制细胞分裂。

有些疾病的家族遗传模式非常明显，就像孟德尔实验中的豌豆一样。囊性纤维化或亨廷顿病等疾病符合家族遗传模式，所以人们在 20 世纪 80 年代最先弄清楚了这些疾病的遗传机制。

随着遗传密码被完全破解，人们找到了家族遗传疾病的发病原因，也发现了其缺陷基因所在。囊性纤维化患者因基因缺陷，肺部蛋白质结构异常。亨廷顿病则是由一个基因片段异常重复引起的。

随后几年内，人们开始竞相寻找各种遗传病的致病基因。

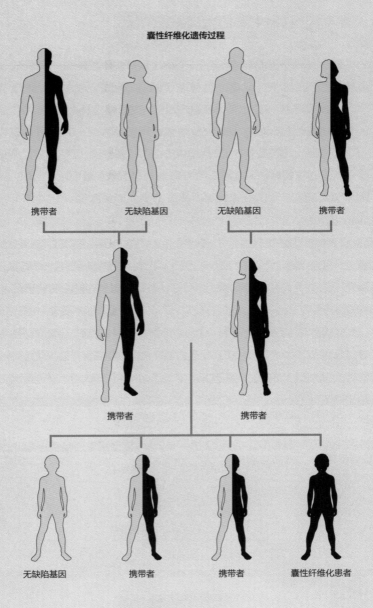

囊性纤维化遗传过程

携带者　　　　无缺陷基因　　　　无缺陷基因　　　　携带者

携带者　　　　携带者

无缺陷基因　　　　携带者　　　　携带者　　　　囊性纤维化患者

人类基因组计划

全世界科学家都在埋头钻研，想找到那些困扰着人们的疾病的致病基因。然而，此研究过程进展得十分缓慢，竞争也异常激烈。建立人类基因组计划旨在加快研究的进程。如果基因是疾病的根源所在，那么建立一套完整的包含所有基因的人类基因组数据库无疑会大大提高对抗疾病的研究效率。研究人员可以从中自由检索，不必重复鉴别研究涉及的人类基因。因此在 20 世纪 90 年代，世界各地实验室通力合作，试图解读整个人类基因组——30 亿个DNA 代码。

2000 年，时任美国总统克林顿宣布人类基因组测序工作已经完成，并于半年后公布了第一份草图。其实，当时该项目并未真正做完，之后又花了几年时间才算彻底完成。这一工程总共耗资约30 亿美元。

如今，我们只需花不到 1000 美元就可以对完整基因组进行测序，已经有上百万人解读了自己的 DNA，有些是出于健康原因，有些则只是出于好奇。人类基因组计划发布第一个基因组时，检测结果令人颇为震惊。

人类的里程碑

人类基因组计划
账单

30 亿美元

基因太少

当第一个人类基因组公布时，有两点出乎人们的意料。

第一，人类基因组几乎没有一个是完全由基因组成的。在30亿个DNA代码中，只有不到2%被编码为能控制生物性状的基因。剩下的大部分都是支架和结构，是它们发挥了作用，才令我们看到细胞分裂时整齐的染色体构造。还有一部分构成了基因指令——对附近的基因下达"开"或"关"的指令；毕竟在细胞的2万个基因中，只有少数几个基因需要随时待命。

另外还有很多重复的部分，我们虽不知道它们的作用，但知道它们确实非常重要。其余部分可能没有任何作用——可能是进化过程中遗留下来的，过去也曾发挥过作用，但如今已被搁置一旁。

第二，人类的基因数量非常少。人类的基因数量还比不上水蚤或香蕉。许多科学家曾认为，每一种性状——头发颜色、眼睛颜色可能对应一个基因，甚至有一些基因一旦变异，就会导致疾病。但是人类的基因数量实在太少，无法与我们身上发生的所有变化一一对应，所以不能从上述角度去解读。实际上，人类只有大约2万个基因——约等于一辆普通汽车包含所有螺丝钉在内的零部件总数。

从这些问题就可以看出，不管是过去还是现在，基因组运作机制的研究之路还很漫长。

香蕉 **36 000** 个基因

水蚤 **31 000** 个基因

人类 **20 000** 个基因

汽车 **20 000** 个零部件

复杂的人类

事实证明，人类遗传学比许多科学家预想的要复杂得多，考虑到人类的复杂程度，当前的遗传学研究可能显得有点目光短浅。如今我们都知道有些基因的功能十分强大。所有基因的作用都是 DNA 和环境之间复杂的相互作用，也就是所谓的"先天和后天"。我们常说"先天和后天"，但这两者并不冲突。DNA（先天）编码需要在细胞、器官、身体甚至整个世界（后天）中发挥作用。其实相比于非此即彼的"先天还是后天"这个说法，更好的说法是"先天经由后天"。

家族中首个致病基因的遗传模式极其简单，但现在我们知道，几乎所有人类特征的体现都涉及许多基因与环境间复杂的相互作用。某些疾病或性状可能与基因的变体有关，但这种影响相对较小。像智力等复杂人类特征，或精神分裂症等复杂疾病，涉及的基因达到数十甚至数百个，而这些基因只意味着人们患某种疾病或有某种特征的可能性。

有些新闻标题会写：科学家发现了导致某种疾病或控制某种人类行为的基因，这类说法都是不科学的。也不存在决定特定性状的基因，而只有与某种性状出现的概率相关的基因。总而言之，基因并不决定命运。

但在遗传学刚诞生之时，"基因即天命"的想法已根深蒂固，也导致了一些史上最令人发指的罪行。

优生学的黑暗历史

遗传学曾有一段政治上的黑暗史。许多在当下的研究中仍然在使用的技术及统计数据是由维多利亚时代的英国科学家弗朗西斯·高尔顿（Francis Galton）提出的。他的成就包括出版了最早的气象图（可惜以当时的大众传媒发展程度，第二天才能印出来前一天的气象图，因此可以说其用途十分有限），奠定了指纹分析学的基础，还发明了通气帽，据说这种东西能使高速运转的大脑冷静下来（其实放下脑子里纠结的问题会更易于冷静）。

高尔顿是查尔斯·达尔文的表弟，有点迷恋达尔文的名声。他认为天赋是家族遗传的，人类是按其种族被区别对待的。于是高尔顿开始收集人类相关数据，以便找出人与人之间差异的生物学基础。

久而久之，他便成了人类遗传学之父。当时许多人认为高尔顿改善人类"血统"（这是当时的说法）的观点对社会来说大有裨益，特别是在为殖民战争培养合适的人才方面。"优生学"由此诞生，这个词是高尔顿造出来的。

在他死后几十年内，不仅仅纳粹高举"优生学"的大旗，丘吉尔、罗斯福、玛丽·斯特普斯（她曾给希特勒写过情书）和许多政界人士都推崇"优生学"。许多国家制定了优生政策，以减少包括酗酒者、同性恋者和精神病患者等"不良分子"的数量。20世纪，美国有成千上万的人被迫绝育，而且这种做法甚至延续到了21世纪。

种族

弗朗西斯·高尔顿是名种族主义者。他曾写道：

> 黑人的智力水平、自力更生意识和自我控制能力实在低下，
> 因此他们无法在没有大量外部引导和支持的情况下承受任何
> 高级文明的重负。

纵然人类存在自然的变异体，并且这种变异在地理上存在广泛性，但没有一组基因是专门与我们所谓的"种族"相对应的。我们甚至无法说出人类究竟有多少种族。

进化的欺骗性就在于，肤色和头发等身体特征让某一人群看起来极为相似，但是其 DNA 的整体差异性却根本看不出来。从外貌上看，我们会根据肤色将较深肤色的非洲人归为一类，但其实他们相互间基因组的差异要比与非洲以外地区人群间的差异更大。

历史上曾被标记为只针对某一种族的疾病实际上并不是某一种族独有的。比如镰状细胞贫血并不是人们常说的黑人病，而是疟疾流行地区的常见疾病；19 世纪时，泰-萨克斯病被认为是犹太人族群特有的疾病，但卡津人（Cajuns）和法裔加拿大人身上也常见此病。

现在我们都知道了，我们闲谈中所谓的"种族"概念，并不符合遗传学意义上的人类变异。具有讽刺意味的是，高尔顿曾指出可以根据粗略的种族定义来区分不同人群，而他留下的知识遗产却与此背道而驰。遗传学已经表明，种族是一个在科学上没有用处，也经不起科学推敲的概念。

进化的基因

得益于人类基因组计划的开展，我们能够比较分析世界各地人类的 DNA，以了解人类变异的特征。科学家也着手对任何能够接触到的生命的基因组进行测序。由于解读 DNA 的成本下降，也更易操作，各种生物都陆续加入了"基因组俱乐部"。田鼠、蜜蜂、黑猩猩、小麦、家鼠、果蝇是最早列入俱乐部名单的生物，它们的 DNA 显示出惊人的相似之处。几乎所有长有眼睛的生物所携带的形成眼睛的基因都是相同的，将蝇和家鼠的眼睛基因互换就可以证明这一点，即使基因来自不同物种，这两种生物仍能形成自己的眼睛。而所有拥有大脑、神经细胞或腿的生物所携带的形成大脑、神经或腿的基因也极其相似。从蓝鲸到细菌，所有生物体虽然大小各异，却有许多基因是相同的。

这些发现再次证明达尔文的自然选择理论是正确的。各不相同的生物却有相同的基因，这一事实表明它们有共同的祖先。我们甚至可以利用 DNA 来计算两个物种的基因差异，从而推断它们分化的时间。两个不同物种的基因越相似，它们在进化树上的关系就越密切。而到了 21 世纪，我们的研究对象甚至不局限于活着的生物的 DNA 了。

右图 极为相似的基因却造就了各种生物的眼睛。

骨骼化石

自 20 世纪 80 年代起，我们便通过在犯罪现场提取 DNA 来识别受害者或追捕罪犯。但没过多久，数万年前的人类也开始成为我们的目标。在合适的条件下，DNA 非常稳定，可以保存非常久的时间。2009 年，科学家们成功提取并解读了一个尼安德特人的全部基因组，这个人种早在 3.5 万多年前就已灭绝。几年后，人们在西伯利亚洞穴中发现了一颗牙齿和一根指骨，科学家们分别从中提取了一个基因组，结果发现它们属于另一个已灭绝人种——丹尼索瓦人，这个人种的名字是根据 18 世纪隐居洞穴中的一个叫丹尼斯的人命名的。

这两个基因组表明，现代人所携带的 DNA 中有来自尼安德特人和丹尼索瓦人的片段，甚至可能还有来自另一个我们尚未确认的人类物种的片段。我们的祖先与这些人种杂居，繁衍后代，所以直到今天我们仍携带着他们的 DNA。这些新基因组的发现有利于重新绘制过去 50 万年人类的进化图以及迁徙地图。

如今科学家们检测 DNA 的技术十分高超，甚至可以从曾有人居住的洞穴的土壤中提取到 DNA。可能过去有人在这些洞穴中死去，或者这些洞穴可能曾被原始人当作巨型公共厕所，于是留下了那时人的 DNA 痕迹。不管怎样，这意味着我们可以在不需要找到骨骼的情况下分析远古人类基因。

遗传系谱学

由于年代久远的祖先很难考证确认（因为时间越往前推移，能确认家族亲属关系的档案文件就越少），于是，某个家族的家谱可能上溯几代人之后就模糊不清了。

如今基因测序越来越经济简便，许多提供 DNA 溯祖服务的公司应运而生。只需花费几百块钱，将装着你的唾液的试管寄出，几周后，你就能得到一份详细报告，上面会列出全世界与你有相似的 DNA 的人的位置。但这并不能说明你的 DNA 来自哪里——这一点无法做到，只能说明现在与你有相似的 DNA 的人在哪儿。

这确实有趣，但其实提供的信息是有限的。DNA 在识别近亲方面非常有用，关于用 DNA 技术寻找被收养儿童未知表亲或父母的报道也越来越多。但一涉及远亲，DNA 的作用就不明显了。有些公司还会告诉你，你是维京人、萨拉森人甚至可能是盎格鲁–撒克逊贵族的后裔。他们说的话也许没错，但这只是因为这样的推断几乎适用于所有人。

皇室贵胄

如果发现自己是某个显赫家族的后裔，不管是谁都会很高兴。事实上，我们都是皇室后裔。如果你是浅肤色的英国人，你几乎百分之百是爱德华三世的直系后裔。所有欧洲人都是9世纪时欧洲统治者查理曼的后裔。如果是依据传统的家谱，不是所有人都能证明这一点，但从遗传学和统计学角度来看，这是毋庸置疑的。

每个人都有父母，父母也各有双亲，辈分每往上一代，直系亲属数量就会翻一倍。如果继续往上翻倍，到10世纪时，家谱上就会有超过一万亿个祖先，是有史以来所有曾经存在过的人口数量的几千倍。

族谱树在只有几代人时看起来才像树，再往上这些树就会开始崩塌，形成巨大的网，这意味着你有很多条分支可以往上追溯到同一个祖先。事实上，当追溯到查理曼时，所有的家谱分支都会连上当时所有的人。也就是说，处于10世纪的任何一人只要仍有后代活在世上，他就是今天所有人的祖先。如果你是欧洲人，那么你肯定就是查理曼的直系后裔。

如果上溯到约3400年前，当时的任何一个人如果仍有后代延续到当下，那他就是如今所有活着的人的祖先。

生命的起源

我们可以将生命的起源追溯到更久远之前。DNA 可以将我们带回到地球家谱的根源。所有生物细胞内都有 DNA，有相同的编码字母，有相同的蛋白质，以及有相同的基本新陈代谢。这说明地球上的生命有一个共同的起源。

我们将最早的生命实体称为卢卡（Luca）——生存时间最晚近的所有生物的共同祖先。卢卡并不是第一种生命体，但却是所有生物都能追溯到的生命之树的根。我们认为卢卡生活在 39 亿年前，可能是个单细胞，生存在海底热泉喷口的岩石里，有 DNA 和基因。

生命之树的根部看起来并不太像一棵树，因为在大约 10 亿年的时间里，最先出现的单细胞生物——细菌和古菌——彼此交换基因，就像它们今天所做的一样。生命之树的根部更像一张错综复杂的网，而不是一棵树。我们和卢卡有共同的基因，通过对比 600 多万个 DNA 序列，科学家们推算出卢卡有 350 多个基因。

大约 20 亿年后，一个细胞吞噬了另一个细胞，最终共生形成了线粒体——一种制造能量的微型结构，至今仍为人类及所有复杂生命体的细胞提供能量。获得这些线粒体基因使生命发展为多细胞生物和复杂生命体，从植物、蘑菇到海马，最终到我们人类。

右图 1837 年，达尔文绘制了首个关于物种进化的"生命树"。

基因工程

所有生物都附着在于同一棵生命树上，DNA 的语言机制于所有生命体而言都是通用的，这就意味着病毒的 DNA 和大象的 DNA 的编码字母其实是一样的。

20 世纪 70 年代，科学家们发明了一种技术，可以从一个物种身上提取 DNA 片段，再将其插入另一物种的 DNA 中。只要 DNA 编码正常，DNA 是否来自自身并不影响细胞运作。基因工程便由此诞生。与此同时，搞流行音乐的音乐家开始使用采样和混音技术，生命也像这些变化一样，开启了新的篇章。

基因工程使生物学发生了翻天覆地的变化。我们已经能够很方便地将一个物种的基因转移到另一个物种身上，以进行基础科学研究、药物研发生产、转基因食品生产，以及寻找疾病的治疗方法等。以上过程几乎都通过细菌完成，但也有一些更奇特的转基因动物，如携带荧光水母基因的夜光猫（可用于艾滋病研究），以及携带蜘蛛基因的山羊，其乳汁含蛛丝蛋白（蛛丝纤维强度大、韧性高，但蜘蛛不易养殖，且容易同类相食）。

传统上，DNA 只能由同一物种内的个体通过生殖行为进行融合和混合。毋庸置疑，山羊和蜘蛛并不能进行交配，但通过基因工程，我们绕过了这种屏障。

基因编辑：CRISPR / Cas9

传统基因工程可谓操作烦琐、进程缓慢。自 2012 年起，一种快速、精准的新技术越来越受欢迎。这种被称为 CRISPR/Cas9（简称 CRISPR）的新技术由詹妮弗·杜德纳（Jennifer Doudna）和伊曼纽尔·卡彭蒂耶（Emmanuelle Charpentier）共同发明，后又由其他科学家做了改善。

科学家们研究发现，某些细菌存在从自身基因组切割 DNA 片段并对其进行改编的系统，科学家们借此可以从几乎所有生物体中剪切出任何 DNA 片段。

CRISPR 技术已用于各种生物，从农作物到猴子再到果蝇，以协助开展各项基础研究，辅助进行物种保护工作，以及进行基因治疗和改进药物设计。

但这也意味着我们有能力轻松地修补人类基因组。现在改变人类活胚胎 DNA 是不合法的，但不久的将来，我们可以纠正基因错误，还能根除某些疾病，如囊性纤维化或肌肉萎缩症，不仅从个人层面，而且从精子、卵细胞层面上根除，这样其所有后代都不会患这些疾病。几乎所有的基因工程目前都面临着伦理问题，这些新发明所带来的伦理问题已成为科学的核心内容，对于人类社会来说，必须弄清楚的是，我们现在有能力做到的事情是否应该去做。

合成生物学

在 21 世纪，人们不仅可以修补基因，还可以像制造电路板那样构建整个"基因电路板"。科学家们认为，电气元器件是标准化的，所以只需将它们组装起来，而不需要重新设计；同样，如果能将基因和其他 DNA 片段结合起来，那就可以培育出特定用途的复杂基因工程生物。

这就是合成生物学，可用于制造药物、用微生物生产生物柴油以及做一些有趣的发明，如制作合成蛛丝、污染物探测仪，甚至是检测肉类是否过期的工具。如今，就连只掌握一点遗传学知识的小学生都能利用许多不同生物体的 DNA 构建出基因电路板。

合成生物学还有一个分支，在这一方向上科学家们可以改写 DNA 本身。他们已经开始发明可以与 DNA 合并的人工"字母"，而不是单纯使用代表遗传密码的四种自然"字母"。由此产生的新双螺旋分子可以像 DNA 一样复制。这些人造的新双螺旋分子可以被用来设计新生命体，或制造不会被免疫系统吸收的药物。

遗传学仅仅出现了 150 年，我们现在就有重写整套生命密码的能力了，而这种能力已经把我们带往一些意想不到的方向。

DNA 存储器

DNA 就是数据，其代码是一种数字格式，存储了有关生命体的遗传信息，而且非常稳定。我们不光成功地提取到了尼安德特人的 DNA，还成功地从冰川的内部提取到了 80 万年前的植物基因组。随着人类处理、控制 DNA 的技术越发精湛，用 DNA 来编码、存储信息就变成了现实。

2013 年，剑桥大学的一个团队将莎士比亚的十四行诗、马丁·路德·金的《我有一个梦想》演讲视频、克里克和沃森在 1953 年发表的 DNA 结构模型原始论文等转化为数字化文件，又将其转化为新的 DNA 代码。随后团队合成了这个 DNA，将其脱水干燥成粉，样子有点像 19 世纪弗雷德里希·米歇尔医生提取的样本。接着他们将其寄往一个德国实验室，并附上了解码说明。德国团队对其进行了解码，并将其重新翻译为原始文件，信息传递的错误率为零。

人工将代码写入 DNA 非常慢，而且解码也很慢。目前，这种技术仅用于数据的归档存储。但将来我们可能不仅能在微芯片上运行计算机，还能在 DNA 上运行。

DNA 的语言机制十分简单——仅包括 4 种字母和 21 个单词。然而，它也编码了有史以来最复杂的物质——生命。40 亿年来，这些代码从一个细胞传递到另一个细胞，不断发生细微的变化，促进了生物进化，还决定了遗传规律。首次发现 DNA 以来的 150 年里，我们逐渐了解它，甚至从根本上重写了地球上的生命密码。

敬请德国科学家
按本说明解码

SHAKE-SPEARES

SONNETS

Never before Imprinted

拓展阅读

Life's Greatest Secret by Matthew Cobb (Profile Books, 2015)，较为全面地讲述了 20 世纪遗传学发展历程和遗传密码破解真相。

The Double Helix by James Watson (Weidenfeld & Nicolson, 2010)，一部关于发现 DNA 双螺旋结构的妙趣横生的故事，但本书的内容有点倾向于神话和传闻，文中对罗莎琳德·富兰克林的评价带有强烈的性别歧视色彩（沃森后来的评价就比较得体，承认了罗莎琳德的贡献）。

A Crack in Creation by Jennifer Doudna (Houghton Mifflin, 2017)，本书可作为了解 CRISPR/Cas9 最新发展的第一手资料，作者为技术发明者之一。

The Vital Question and *Life Ascending* (Profile Books, 2015 & 2001)，尼克·莱恩的两部著作，精彩地分析了进化的许多方面，以及生命的形成原因，都围绕着生命的起源展开。

Creation (Viking, 2013) 和 A Brief History of Everyone Who Ever Lived (Weidenfeld & Nicolson, 2016)，是我本人写的两本涵盖了关于遗传学更深入话题的书。前一本书分为两部分：第一部分关于生命起源，第二部分关于合成生物学和基因工程。后一本书以 DNA 为线索重新审视了整个人类历史。本书内容始于尼安德特人，终于人类的未来。